Problemas matemáticos
de hermanos

Sumas y restas de tres o más cifras

Título: PROBLEMAS MATEMÁTICOS DE HERMANOS. MÉTODO ABN. SUMAS Y RESTAS DE TRES O MÁS CIFRAS

Autores/as:
MANUEL JESÚS CRESPO GARCÍA, NATALIA MITURICH, ANTONIO WANCEULEN MORENO, JOSÉ FRANCISCO WANCEULEN MORENO

Editorial: WANCEULEN EDITORIAL
Sello Editorial: WANCEULEN EDUCACIÓN

ISBN (Papel): 978-84-10017-96-2
ISBN (Ebook): 978-84-10017-97-9

Impresión bajo demanda.

WANCEULEN S.L.
www.wanceuleneditorial.com y www.wanceulen.com
info@wanceuleneditorial.com

1 Manuel está en el nivel 133 de Fortnite y en la temporada anterior llegó al nivel 115. ¿Cuántos niveles mas ha alcanzado esta temporada?

Datos:

Solución:

Julia tiene un video con 244 visitas en su canal de YouTube y su amiga Paula tiene 235 visitas en otro video en su canal. ¿Cuántas visitas han recibido entre las dos?

Datos:

Solución:

Julia tenía 89 seguidores en TikTok y ahora tiene 173 seguidores. ¿Cuánto nuevos seguidores ha conseguido?

<u>Datos:</u>

<u>Solución:</u>

Manuel ha comprado 1800 pavos, si tenía 850 pavos en su cuenta. ¿Cuántos pavos tendrá ahora?

Datos:

Solución:

5 Julia llevaba cuatro días sin encender su teléfono. Lo ha encendido y ha visto que tiene 331 mensajes sin leer. ¿Cuántos mensajes le quedan por leer si ha conseguido leer ya 239 mensajes?

Datos:

Solución:

EDITORIAL WANCEULEN

6 Manuel se ha leído 133 páginas de su libro de "Los Compas" y le quedan por leer 180 páginas. ¿Cuántas páginas tiene el libro?

Datos:

Solución:

EDITORIAL WANCEULEN

7 Entre todas las jugadoras del equipo de balonmano de Julia han marcado 138 goles en esta temporada y en la temporada pasada 174. ¿Cuántos goles han marcado en estas dos temporadas?

Datos:

Solución:

8 Manuel tiene pegados en su álbum de cromos de LaLiga 275 cromos y ha conseguido para pegar 155 cromos más. ¿Cuántos cromos tendrá pegados en el álbum si pega los que consiguió?

Datos:

Solución:

Manuel ha visto que en su cuenta de Fortnite tiene 1800 pavos más que antes porque su padre le ha ingresado pavos en la cuenta. ¿Cuántos pavos tiene ahora si antes tenia 400?

Datos:

Solución:

10 Julia ha guardado este año 125 contactos en la agenda del teléfono y el año pasado guardó 64 contactos. ¿Cuántos contactos más ha guardado este año en su agenda?

<u>Datos:</u>

<u>Solución:</u>

EDITORIAL WANCEULEN

Manuel y Julia han ido a comprar chucherías. Manuel se ha gastado 255 céntimos y Julia 265 céntimos. ¿Cuánto se han gastado los dos en chucherías?

Datos:

Solución:

Julia está preparando un postre con su tía Manoli. Ha añadido a la receta 245 gramos de harina y después otros 255 gramos de harina. ¿Cuántos gramos de harina lleva la receta?

Datos:

Solución:

Julia quiere comprar un pintauñas que cuesta 230 céntimos, una brocha que cuesta 335 céntimos y una mascarilla facial que cuesta 90 céntimos. ¿Cuánto quiere gastar Julia?

Datos:

Solución:

14 Julia tenía en su cuenta de Shein 553 puntos y ha conseguido en esta semana 367 puntos más. ¿Cuántos puntos tiene ahora en su cuenta de Shein?

Datos:

Solución:

Julia quiere ver una película que dura 120 minutos y Manuel quiere ver otra que dura 180 minutos. ¿Cuánto tiempo tendrán que ver la tele si ven las dos películas?

Datos:

Solución:

16 Julia ha subido un video a TikTok y se ha hecho viral. El día que lo subió tenía 1.879 visitas y al día siguiente tenía 17.967 visitas en total. ¿Cuántas visitas recibió al día siguiente?

Datos:

Solución:

EDITORIAL WANCEULEN

Julia ha jugado esta temporada 425 minutos en su equipo de balonmano y la temporada pasada jugó 399 minutos. ¿Cuántos minutos ha jugado en las dos temporada?

Datos:

Solución:

Manuel quiere comprar un pack de Fortnite que vale 2800 pavos, una Skin que vale 1800 pavos y un baile que vale 200 pavos. ¿Cuántos pavos se quiere gastar?

Datos:

Solución:

Julia quiere comprarse en Shein tres camisetas y va a utilizar 335 puntos en una, 355 en otra y 260 en otra. ¿Cuántos puntos va a gastar para comprar las tres camisetas?

<u>Datos:</u>

<u>Solución:</u>

En la clase de Manuel han juntado, entre todos los alumnos, 355 tapones de plástico para una obra benéfica y tienen que juntar 550. ¿Cuántos tapones les faltan?

Datos:

Solución:

21 Julia quiere ir a Nueva York con su padre y el vuelo de los dos vale 2460, el alojamiento de los dos 1380€ y para la comida llevarán 1200€. ¿Cuánto les costará el viaje de los dos juntos?

Datos:

Solución:

Manuel ha ido a comprar chucherías, llevaba 275 céntimos y le han sobrado 185 céntimos. ¿Cuánto dinero se ha gastado Manuel en chucherías en el quiosco de Sarita?

<u>Datos:</u>

<u>Solución:</u>

23 Manuel va a comprar el pase de batalla de la nueva temporada que vale 900 pavos y un baile que vale 200 pavos. ¿Cuántos pavos se va a gastar si hace la compra?

Datos:

Solución:

EDITORIAL WANCEULEN

24 Manuel quiere ver tres capítulos de Cobra Kai en Netflix y cada capítulo dura 38 minutos. ¿Cuántos minutos va a estar viendo Netflix?

Datos:

Solución:

EDITORIAL WANCEULEN

25 Manuel quiere ver una película en Netflix que dura 136 minutos y le quedan 175 minutos para irse a entrenar a balonmano. ¿Cuántos minutos le quedan para hacer los deberes?

Datos:

Solución:

EDITORIAL WANCEULEN